地球と人にちょこっとやさしくなれる365日

マシンガンズ 滝沢秀一と
ゆかいな滝ゴミ芸人たち

K&B
PUBLISHERS

はじめに

一日、一つずつなら楽しく覚えられるかも？

どーも、ゴミ清掃員の滝沢です。

僕はゴミ清掃員をやりながら漫才をしているゴミ研究家です。マシンガンズというコンビを組んでおり、2023年のTHE SECONDという漫才大会で準優勝させてもらいました。

僕はこの本に書いてあるような環境活動を始めて、明らかに人生が変わりました。なんで変わったのかというと、環境にちょっと良いことをしようと思ったら、関わっている人のこと、未来の環境のことを考えなければ続けられないと思うんです。つまり人の立場になって物事を考えられるようになったんです。

この本の使い方は、寝る前に目を通すだけ。たったそれだけで、自分や他人に思いやりが持てるようになる。そして僕と同じような体験をして、毎日が豊かになって欲しいと思っています。

アクションを通じて、自分のことが好きになる

この本は僕だけではなく、芸人仲間数人が集まって、環境に良いことはなんだろう？とワイワイ話し合いながら作った、ほんのちょっとだけ地球と人に向き合ってみた本です。

この本に出てくる芸人仲間は言いました。環境に良いことをしていると、なんだか気持ちがいいので、ちょっとだけ自分のことを好きになれるんです、と。

今、この本の結論を言っちゃいましたね！

そうなんです！僕はゴミを減らそうと考え始めてから、明らかに人生が変わりました(2回目)。こんなことやってみようかな、今度はアレを試してみようかなと考えるだけで、自分のことが好きになるんです。だまされたと思って、今日から滝ゴミ芸人たちの日常をのぞいてみませんか？

滝沢秀一率いる

ゆかいな

チーム滝ゴミ芸人

白れんが

松本陽斗

❶YouTube、サッカー、高温風呂（とにかく暑さに耐えられます！）❷パチンコ ❸高速ゴミ回収分別 ❹購入した衣類や機械類を3年以上、大切に使います！
❺ hagehann
いつか赤を超える白れんが

火災報知器

小林知之

❶地図収集 ❷世界の国旗 ❸地理や地図、国旗 ❹地図をゴミに活用したり、ハザードマップに親しみを持ってもらう活動をしていきます！
❺ cobayashitomo
cobayashitomo

チャイム

赤プル

❶片付け、スマホの早打ち ❷旦那（最初の相方が捕まって、次の相方が亡くなってから、界隈ではデスノートって呼ばれてます）❸防災、お片付け収納コンサル ❹防災のためにも、地球にやさしい行動を心がけます！
❺ akaplu puluco_a
赤プルとだんな チャンネル

まりんか

❶逆立ち、絵を描くこと、なんでもおでこでバランスがとれる、大体の歌をハモれる、登山 ❷田舎の自然 ❸おいしいキャンプめし、曲芸 ❹古民家に住んで、自給自足生活を目指します！
❺ marinkageinin
marinka5186

ゴミを減らして
仕事をつかみ取れ！

ポメラン

手塚ジャスティス

❶アゴ特技（アゴで板を割る、アゴでフルーツを絞ってジュースを作る、アゴに紙コップを120個つける、アゴの感覚だけでポテトチップの味を当てる）❷発酵食品、大豆食品、スターウォーズ ❸不用品から売れる物を分別できる ❹可燃ゴミをジャスティファイ!! 不燃ゴミもジャスティファイ!! 粗大ゴミもジャスティファイ!! 必殺技のジャスティファイでゴミをまだ使える物に蘇らせます！
❺ tedukajustice22 diteprotezuka
ポメランのむやみにエサを与えないでください

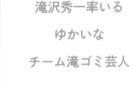

高橋正樹

①プロ野球観戦、応援歌を聴くこと、倒立歩行 ②オリックス・バファローズ ③粗大ゴミ ④マイバッグやマイボトルを持参して、環境に貢献しながら節約します! ⑤Bs__06

かがわの水割

①どこでも寝れる ②息子 ③似顔絵、イラスト ④ゴミから何かを生み出したいですっ! ⑤kagawanomizu
kagawanomizuwari
アメブロ●子育てときどきお笑いのちお絵描き…

大提灯
サディスファクション渋谷

①映像編集、バスケ、麻雀 ②もずくの天ぷら ③ギャグならお任せ!その人の名前や、好きな食べ物や趣味から即興で作れます!クオリティは問わず(笑) ④コンビニ利用のゼロ宣言! ⑤zooParty32
zooparty32
ぺらすの部屋

本田しずまる

①竹馬、ギャラリー巡り ②ボブ・ディラン ③イラスト ④欲しくなった物は、自分にとって本当に必要かを20回以上検討してから購入することを宣言します! ⑤hondashizumaru
soyokaze_001

ねろめ

①フットサル、プロ野球好き(野球をラジオで聴く)、ランニング ②ノンアルコールビール ③ゴミ拾い ④家にある物をなるべくリユース(再使用)してゴミを減らすことをここに宣言します! ⑤v3t5eyj5MDn1v9e

山本マリア

①プロ野球観戦、キョンシー映画 ②キン肉マンの超人だとスニゲーター ③DEEN、FIELD OF VIEW、WANDS ④ご飯は残さず食べる!そして滝沢さんについていきます!! ⑤wandsdeenfov
poolbitboys_daisuki

こじらせハスキー
橋爪ヨウコ

①サッカー、ドラマ(27年間ドラマ全クール全チャンネル視聴中!)、バイクツーリング ②さだまさし(50音別にミニエピソードを言えます!) ③片付け、掃除 ④いろいろなものを再利用してきれいにしていきます! ⑤dumeko
dume_husky
ようこそ!づめちゃんねる

こじらせハスキー
ドイツみちこ

①相撲、筋トレ ②猫 ③掃除、引っ越し(ゴミ屋敷もよく掃除に行ったりしてたので、汚部屋もお任せ!) ④エアコンの設定温度を下げすぎない!ゴミを極力捨てない! ⑤gyakkyou
TikTok●michiko_doitsu
女相撲始めました、44歳独身。

①趣味・特技 ②○○推しです! ③○○ならお任せ! ④ここに宣言します! ⑤SNS

イラストレーション
本田しずまる

1 JANUARY 月

おめーら、正月だからって
いつまでも
調子乗ってんじゃねーかんな!

赤プル

1月1日

元日

書き損じハガキを途上国支援団体へ送る

滝沢メモ

書き損じハガキが役に立つ

書き損じてしまったハガキや未使用の切手を途上国支援団体に送ると、ハガキなら10枚あたり**20人分**の**ポリオワクチン**を途上国の子どもたちに届けてもらえます。

1月2日

「推し芸人の賞レース優勝」を初詣の願いに込める

1月3日

箱根駅伝

ドアの開け閉めをできるだけ高速化

本田しずまる

1月4日

仕事始め

ベトナムの干支に「猫」がいる事実を同僚に教える

1月5日

もう着ることはないTシャツをハンカチに変える

いつか着る、は
だいたい着ないよね
でも、お気に入り…

1月6日

ベランダで生ゴミを乾燥させる

乾燥させるだけ
で焼却コストがだ
いぶ違うのよ！

1月7日

七草

冷蔵庫の残り物でオリジナル味噌汁を作る

春の七草のナズナやハコベラは、その辺に生えてたりするよ！

1月8日

成人の日（第2月曜）

オンライン外出でおでかけ気分

1月9日

とんちの日

友人の悩みに知恵を振り絞る

1月10日

勇気を出して
はじめてのお店に入る

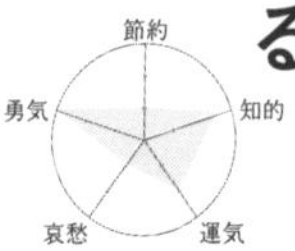

1月11日

一度に食べ切るお菓子を
半分でやめておく

――本田しずまる

1月12日

今日歩いた歩数
×10円を貯蓄する

1月13日

ひと駅前で降りて旅番組のリポーター気分で帰宅

——火災報知器 小林

1月14日

今日は外食

——白れんが 松本

気分転換に公園でお弁当でも食べてみる?

1月15日

タンス貯金をやめるっぺ

——赤プル

もしものとき、すぐに持ち出せないと無駄になるかもね

1月16日

——禁酒の日

量り売りスーパーでお買い物

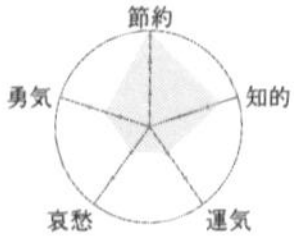

滝沢メモ

ロスなく買えてゴミも減量

家庭ゴミの**約66%**が空き容器や梱包材といわれています。量り売りは海外では当たり前。ゴミも減るし、お店の人とコミュニケーションもできるから楽しいよ！

1月17日

防災とボランティアの日

エレベーターのボタンを人のために押す

開閉ボタンの連打は
かえって電気の無駄に
なるからやめようね

1月18日

文房具を大切に使う

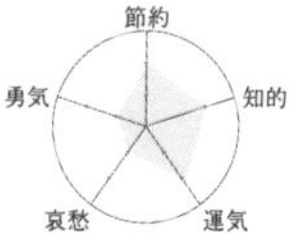
節約
知的
運気
哀愁
勇気

1月19日

家庭用消火器点検の日

残ったおかずでリメイク弁当

節約
知的
運気
哀愁
勇気

1月20日

冷蔵庫の見切り品を探す

節約
知的
運気
哀愁
勇気

1月21日

席を譲る

節約
知的
運気
哀愁
勇気

1月22日

カレーライスの日

冷蔵庫の残り物を全部入れたカレーを作る

――火災報知器 小林

これがまた意外とうまいのよ！新しい発見もできるよ

1月23日

タコ足コンセントを掃除する

1月24日

ガスなし、電気なし、水道なしの生活をしてみっぺ！

――赤プル

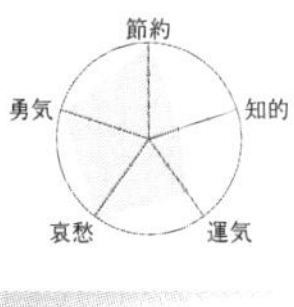

1月25日

その値引シール本当にお得か考えてみる

自分自身に問いかけた時点で答えは決まっているとか…

1月26日

文化財防火デー

今日はプラ製品のものを買わない

1月27日

マイボトルを持参

1月28日

生産者になった気分で朝採り野菜を食す

節約
知的
運気
哀愁
勇気

1月29日

近くの神社で御朱印をいただく

――高橋正樹

節約
知的
運気
哀愁
勇気

1月30日

窓にプチプチ貼って防寒対策

節約
知的
運気
哀愁
勇気

1月31日

湯船に浸かって手足をストレッチ

節約
知的
運気
哀愁
勇気

Index

■ 達成できた　◩ チャレンジ中

2

FEBRUARY

月

スキンヘッドで
年間の水道代を
削減しています！

白れんが 松本

2月1日

トレンド柄はハンカチで取り入れる

2月2日

ひと駅歩いて伊能忠敬《いのうただたか》の偉大さを知る

——火災報知器 小林

伊能忠敬は歩幅で距離を測って日本地図を作ったんだ。その歩幅は69㎝

2月3日

節分

年の数だけゴミ拾い

2月4日

動物のげっぷを動画で観察する

滝沢メモ

メタンを減らして地球を救え!

地球温暖化の一大要因とされる**牛のげっぷ**によるメタンガスの放出。飼料に海藻を混ぜるとガスの発生を抑止できることが最近判明したんです。

節約
知的
運気
哀愁
勇気

2月5日

笑顔の日

今日2番目に話しかけてきた人にコーヒーを奢る

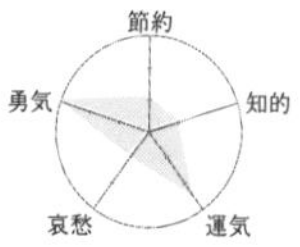

節約
知的
運気
哀愁
勇気

2月6日

お風呂の日

残り湯に重曹を入れてつけおき掃除

節約
知的
運気
哀愁
勇気

2月7日

長く使えそうなものをプレゼントしてその良さを伝える

2月8日

一日分の使い捨てを数える

2月9日

肉の日

今日食べたお肉のグラム数だけ募金

2月10日

ふとんの日

布団の再利用を調べる

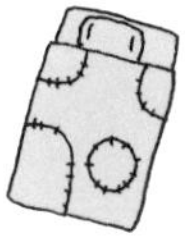

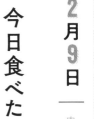

2月11日

建国記念の日

水を1.5リットル飲んでウェルネスを意識する

滝沢メモ

ウェルネスと健康の違い

健康とは肉体的に病気でない状態、ウェルネスは健康を基盤に**よりよく生きる**ための生活を目指すことや**心身の幸福**を意味しています。

2月12日

動物愛護団体に寄付しよう

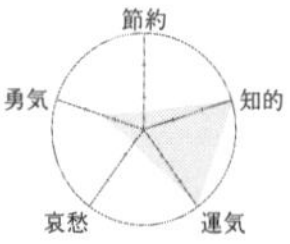

2月13日

日本遺産の日

地元遺産を決めよう

2月14日

バレンタイン

フェアトレードのチョコレートを買う

滝沢メモ

フェアトレードって？

発展途上国で作られた農作物や製品を**適正な価格**で継続的に購入すること。正当な対価で取引をすれば、生産者の生活を支えることにつながります。

2月15日

正しい歩き方を意識する

―― 本田しずまる

節約
知的
運気
哀愁
勇気

2月16日

冷蔵庫のヤバそうなものだけで鍋を作る

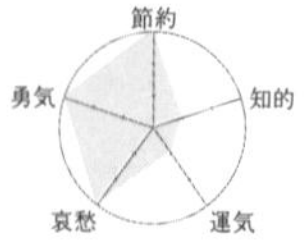
節約
知的
運気
哀愁
勇気

2月17日

自動改札が閉まらないギリッギリを通る

開閉時の電力が節約できるとかできないとか…

節約
知的
運気
哀愁
勇気

2月18日

読まないメルマガを配信停止にする

たまに、停止するまで異常に複雑なのあるよね

2月19日

湯船は温めすぎない。温めたらすぐ入る

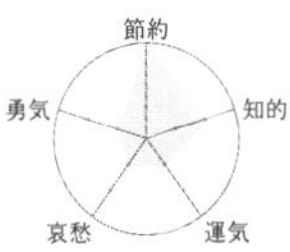

2月20日

ゴミ袋はパンパンに詰め込みすぎない

2月21日

スーパーに行く前に少し小腹を満たす

2月22日

猫の日

地域猫活動に寄付をして猫助け

滝沢メモ

野良猫の殺処分を減らす活動

日本では１日に**40匹**の犬猫が殺処分されています。不妊手術をして**地域猫**として命を全うできるよう活動を応援しましょう。地域猫の目印は**サクラ耳**！

2月23日

みかんの皮をトイレに置く

――サディスファクション渋谷

柑橘系フルーツの皮は天然の芳香剤や消臭剤になるよ

2月24日

梅干しの種で入浴剤を作る

2月25日

マイ箸が写る画角で自撮りする

2月26日

包むの日

ノントレー食品だけで食材を選ぶ

トレーの分だけ値段も安くなるしコスパいいよね

2月27日

エコバッグを使う

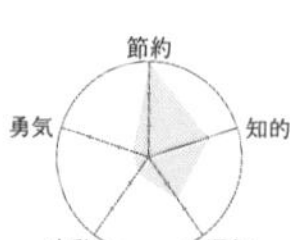

2月28日

トウモロコシの芯で栄養満点コーンスープを作る

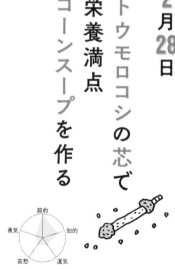

2月29日

うるう日

4年に1度だけの特別アクションを考えてみよう!

Index

■ 達成できた　◩ チャレンジ中

- 2/1 トレンド柄はハンカチで取り入れる ☐
- 2/2 ひと駅歩いて伊能忠敬の偉大さを知る ☐
- 2/3 年の数だけゴミ拾い ☐
- 2/4 動物のげっぷを動画で観察する ☐
- 2/5 今日 2 番目に話しかけてきた人にコーヒーを奢る ☐
- 2/6 残り湯に重曹を入れてつけおき掃除 ☐
- 2/7 長く使えそうなものをプレゼントしてその良さを伝える ☐
- 2/8 一日分の使い捨てを数える ☐
- 2/9 今日食べたお肉のグラム数だけ募金 ☐
- 2/10 布団の再利用を調べる ☐
- 2/11 水を 1.5 リットル飲んでウェルネスを意識する ☐
- 2/12 動物愛護団体に寄付しよう ☐
- 2/13 地元遺産を決めよう ☐
- 2/14 フェアトレードのチョコレートを買う ☐
- 2/15 正しい歩き方を意識する ☐
- 2/16 冷蔵庫のヤバそうなものだけで鍋を作る ☐
- 2/17 自動改札が閉まらないギリッギリを通る ☐
- 2/18 読まないメルマガを配信停止にする ☐
- 2/19 湯船は温めすぎない。温めたらすぐ入る ☐
- 2/20 ゴミ袋はパンパンに詰め込みすぎない ☐
- 2/21 スーパーに行く前に少し小腹を満たす ☐
- 2/22 地域猫活動に寄付をして猫助け ☐
- 2/23 みかんの皮をトイレに置く ☐
- 2/24 梅干しの種で入浴剤を作る ☐
- 2/25 マイ箸が写る画角で自撮りする ☐
- 2/26 ノントレー食品だけで食材を選ぶ ☐
- 2/27 エコバッグを使う ☐
- 2/28 トウモロコシの芯で栄養満点コーンスープを作る ☐
- 2/29 ☐

3

MARCH

月

確定申告は忘れても
地球のことは忘れないで!
青色だけに!!

火災報知器 小林知之

3月1日

いつもより2時間早く帰る

3月2日

玉ネギの皮で変なアートを描く

——かがわの水割

滝沢メモ

ジャンク・アートは奥が深い!

ゴミを集めて造形物を生み出すジャンク・アート。日本では**ゴミ**や**漂流物**を使った作品で知られる柴田英昭氏をはじめとするアーティストが活躍中!

3月3日

ひな祭り

ひな祭りを歌っている間 全力スクワット

火災報知器 小林

明かりをつけましょ省エネで、お花をあげましょロスフラワー

3月4日

自宅のスプレー缶の分別方法を調べる

滝沢メモ

スプレー缶は何ゴミ？

発火の危険があるのでスプレー缶は中身を空の状態にしてからゴミに出さなければいけません。自治体によって 資源 金属ゴミ 不燃ゴミ など分別方法はさまざま。

3月5日

不要品をフリマサイトで売る

3月6日

スリムの日

道端ゴミ拾い5分

3月7日

消防記念日

いざというときの避難場所を確認

3月8日

国際女性デー

黄色い花を見つけよう

3月9日

感謝の日

メールの返事をいつもより丁寧に返す

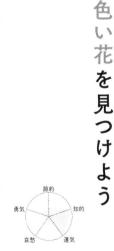

3月10日

スマホを一日家に置いて出かける

3月11日

学校給食支援に寄付してみる

3月12日

サイフの日

財布のひもを締める。誘惑に負けない

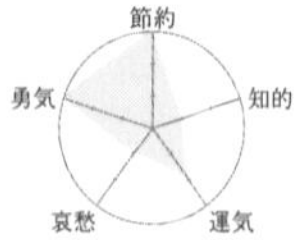

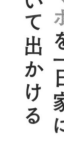

3月13日

料理中はつま先立ち

火災報知器 小林

節約
知的
運気
哀愁
勇気

3月14日

ホワイトデー

自宅でカフェ風にワンプレートごはん

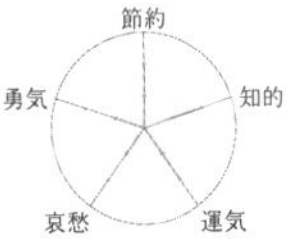
節約
知的
運気
哀愁
勇気

3月15日

公園のベンチで10分休憩

節約
知的
運気
哀愁
勇気

3月16日

相手の目を見て元気に挨拶

節約
知的
運気
哀愁
勇気

3月17日

みんなで考えるSDGsの日

SDGsで あいうえお作文

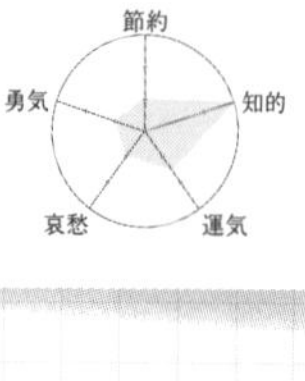

3月18日

点字ブロックの日

ドライヤーを使わず
髪を自然乾燥

――ドイツみちこ

生乾き状態にならないようにタオルドライは忘れずに

3月19日

食器の汚れを
拭き取ってから洗う

使用済みティッシュや雑紙、使い古しの布切れを有効活用

3月20日

国際幸福デー

激安品ではなく
おつとめ品を買う

3月21日

春分の日

身のまわりにある
自然とふれあう

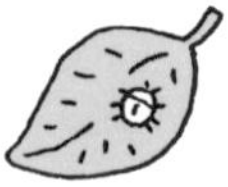

3月22日

世界水の日

トイレの小なら
電気をつけない

——ドイツみちこ

3月23日

世界気象デー

人類滅亡の危機をテーマにした映画を見る

こんなことになるならもっとネタを作っておけばよかった〜

滝沢メモ

おすすめの映画はこれ！

ケビン・コスナー主演の『ウォーターワールド』。地球温暖化によってすべての陸地が水没してしまう映画で、地球の悲しい姿を舞台にしているよ。

3月24日

マイバッグを持って商店街を歩く

3月25日

部屋に植物を置く

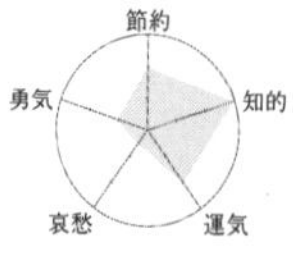

3月26日

鍋と缶は別物扱い

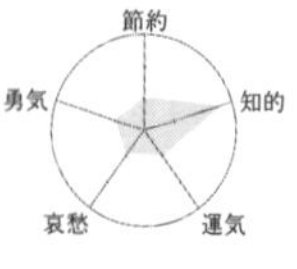

3月27日

竹素材の私物を SNSにて公表

3月28日

車間も人間関係も 一定の距離間を保つ

無駄な加速や減速がなくなって省エネになるよ

3月29日

再生紙100%で作られたトイレットペーパーを買う

相手を思いやる「リスペクト」を加えた4Rが大切です

滝沢メモ

資源を大切にする 3R

地球にやさしくなれるキーワードは３つのR。**リデュース リユース リサイクル**。環境と経済が仲良くできる循環型社会を目指す取り組みです。

3月30日

地産地消グルメで地元を応援

節約
知的
運気
哀愁
勇気

3月31日

家族の緊急集合場所を決める

節約
知的
運気
哀愁
勇気

避難場所は混雑するので、特定の場所を決めておこう

Index

■ 達成できた　◩ チャレンジ中

4

APRIL

月

元旦からやるやる言って
ダラダラきたけど
4月から本気でやる!

まりんか

4月1日

エイプリルフール

18番目の目標を提言する

滝沢メモ

SDGsの17の開発目標

SDGsとはざっくり言うと**地球や人にやさしい取り組み**を**17種類**に分けて設定しました、ってこと。貧困、気候変動、教育、平和など、目指す目標は、国や人によってさまざま。

4月2日

国際子どもの本の日

読まなくなった本を寄付する

——まりんか

4月3日

マザー・テレサの格言をメモる

「習慣に気をつけなさい。それはいつか性格になるから」。深い…

4月4日

お花見でマイボトルを見せ合う

花見シーズンのゴミ集積所は分別率が低い！酒は飲んでも分別ワスレルナ

4月5日

味の濃いものを我慢する

――手塚ジャスティス

4月6日

新聞をヨム日

今日の新聞で「ゴミ」が何回登場するか数える

4月7日

世界保健デー

ゴミ捨て場が乱れていたら目をそらさない

――本田しずまる

4月8日

詰め替え商品をひとつ取り入れる

詰め替え容器もビンを使うとさらにいいよね！

4月9日

お肉の代わりに豆を食べる

――かがわの水割

大豆で作った代《だい》替《たい》肉《にく》は栄養も腹持ちも抜群！

4月10日

ステンレスボトルの日

日本のCO_2排出量は世界5位だという事実を3人に伝える

4月11日

ワクチン募金をする

4月12日

ホームレスの支援活動を調べる

4月13日

今日はコンビニに入らない

まりんか

4月14日

移動のついでにラン&ラン

4月15日

残さず食べる。絶対に

滝沢メモ

日本の食品ロスはどれくらい?

日本の食品ロスは年間500万トン以上、1日1人あたり**お茶碗1杯分**の食べ物が**廃棄**されている計算。飢餓に苦しむ人がいるなかでこれは大問題です。

4月16日

缶とペットボトルは潰して捨てる

——サディスファクション渋谷

節約 知的 運気 哀愁 勇気

そのひと手間で、効率的に資源を運搬できるんです

4月17日

3分でシャワーを済ませる

節約 知的 運気 哀愁 勇気

ウルトラマンが3分しか戦えない理由は調べないほうがよい…

4月18日

よい歯の日

天然素材のガムを試してみる

4月19日

土に触れて大地を感じ、祈る。

4月20日

主菜、副菜、汁物
今日はキノコづくし

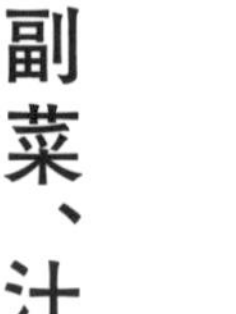

4月21日

コンポストをはじめる

滝沢メモ

生ゴミが土の栄養に変身

生ゴミは微生物の働きを活用すると、**堆肥（コンポスト）**に生まれ変わって再利用できます。この方法って実は昔から日本に伝わる生活の知恵なんです。

4月22日

地球の日

ペットボトルの分別に向き合ってみる

4月23日

普段の半分で生活

——サディスファクション渋谷

ご飯も、歯磨き粉も、シャンプーも、テレビも、残業も

4月24日

牛脂を集めて石鹸を作る

4月25日

——初任給の日

レシートアプリで小遣い稼ぎ

4月26日

雑《ざつ》紙《がみ》ストッカーを自宅に設置

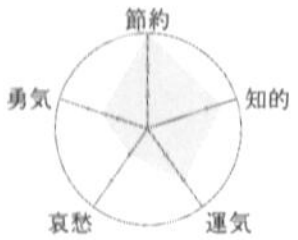

滝沢メモ

リサイクルできる紙

読み終わった雑誌はゴミとして捨てずに、雑紙として集めて**資源**にしましょう。リサイクルされて再び雑誌や段ボール、絵本に生まれ変わります。

4月27日

過剰包装を避ける、断る、省みる

どうしても包みたい場合は風呂敷を使ってみては?

4月28日

使ったことのない食材を買う

――本田しずまる

4月29日

昭和の日

近くの歴史的建造物へ足を運ぶ

4月30日

図書館記念日

図書館で絶版になった怪しい本を借りる

Index

■ 達成できた　◪ チャレンジ中

日付	内容		日付	内容	
4/1	18番目の目標を提言する	□	4/17	3分でシャワーを済ませる	□
4/2	読まなくなった本を寄付する	□	4/18	天然素材のガムを試してみる	□
4/3	マザー・テレサの格言をメモる	□	4/19	土に触れて 大地を感じ、祈る。	□
4/4	お花見でマイボトルを見せ合う	□	4/20	主菜、副菜、汁物 今日はキノコづくし	□
4/5	味の濃いものを我慢する	□	4/21	コンポストをはじめる	□
4/6	今日の新聞で「ゴミ」が 何回登場するか数える	□	4/22	ペットボトルの分別に 向き合ってみる	□
4/7	ゴミ捨て場が乱れていたら 目をそらさない	□	4/23	普段の半分で生活	□
4/8	詰め替え商品を ひとつ取り入れる	□	4/24	牛脂を集めて石鹸を作る	□
4/9	お肉の代わりに豆を食べる	□	4/25	レシートアプリで小遣い稼ぎ	□
4/10	日本のCO_2排出量は世界5位 だという事実を3人に伝える	□	4/26	雑紙ストッカーを自宅に設置	□
4/11	ワクチン募金をする	□	4/27	過剰包装を 避ける、断る、省みる	□
4/12	ホームレスの 支援活動を調べる	□	4/28	使ったことのない食材を買う	□
4/13	今日はコンビニに入らない	□	4/29	近くの歴史的建造物へ 足を運ぶ	□
4/14	移動のついでにラン & ラン	□	4/30	図書館で絶版になった 怪しい本を借りる	□
4/15	残さず食べる。絶対に	□			
4/16	缶とペットボトルは潰して捨てる	□			

5

MAY

月

地球のために
GWも汗を流す!
バイトだけどね!

ポメラン 手塚ジャスティス

5月1日

世界笑いの日（第1日曜）

新茶を飲みながらコント番組を見る

5月2日

世界まぐろデー

トマトでポキ丼アロハ・オエ

むしろマグロよりおいしいまである。それはないか？

5月3日

生ゴミをいつもよりギュッとしぼる

記念日

ゴミの日

日本は焼却施設の数が世界一

日本の焼却場の数は世界の **7～8割**を占めるらしい。つまり毎日出るゴミの量が多いということ。日本の**リサイクル率**は世界に比べてとても低いんです。

滝沢メモ

5月4日

みどりの日

みかんの皮を干して陳皮《ちんぴ》にする

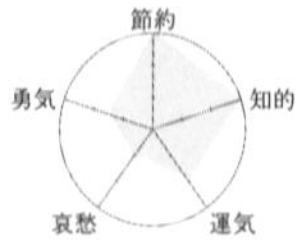
節約
知的
運気
哀愁
勇気

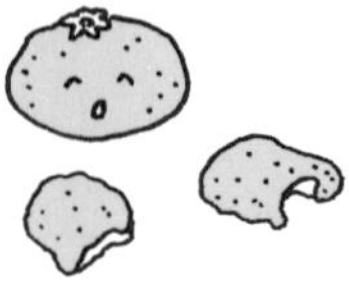

滝沢メモ

みかんの皮も立派な薬！

柑橘類の皮を乾燥させると陳皮という薬になります。胃もたれや風邪や咳、食欲不振の改善に効果がある、スーパー**節約漢方**です。捨てちゃダメ！

5月5日

こどもの日

可燃ゴミから雑紙《ざつがみ》を探し出す

節約
知的
運気
哀愁
勇気

5月6日

国際ノーダイエットデー

寄り道チートデー

今日は食べ明かそう。
そして語り尽くそう、
地球のことを

5月7日

生ゴミを新聞紙でくるむ

5月8日

大切な人に防災グッズを贈る

母の日（第2日曜）

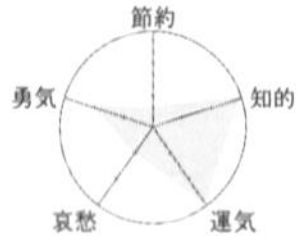

5月9日

余った食材を冷凍しましょうぽーいんす！

――サディスファクション渋谷

自分のギャグをねじ込むな！MAXめんどくせぇ！

5月10日

スマホでラジオを聴く

5月11日

学んだことを友達とシェアする

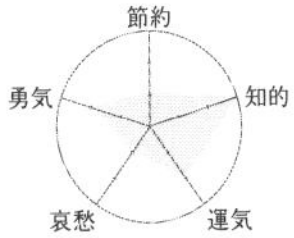

5月12日

やらないことを決める

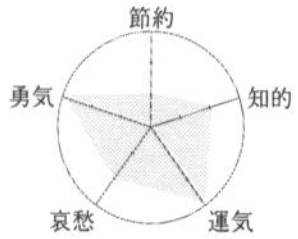

5月13日

無農薬野菜を皮ごと食べる

5月14日

ベルトをいつもより少し締めて過ごす

―― かがわの水割

今日は「脱」ウエストゴム！普段の姿勢も良くなるね

5月15日

国際家族デー

家族集合の日と定める

時間がない人はリモートで参加しよう。家族がいちばん！

5月16日

旅の日

さすらいの旅芸人に会いに行く

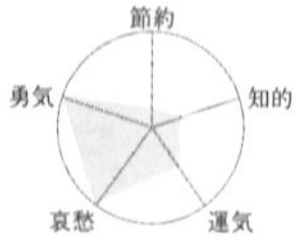

5月17日

そうだ、今夜は鶏肉、食べよう

——かがわの水割

どこかのキャッチコピーみたいに言いたいだけだな

5月18日

いろんな変顔をしてみる

——まりんか

変顔であればあるほど、小顔体操になるよ

5月19日

手話をひとつ覚える

5月20日

廃電池をテープで絶縁

5月21日

千切りキャベツを冷凍する

ねろめ

5月22日

一日0円生活

本田しずまる

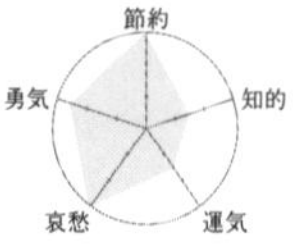

シンプルに難しい。どうしても必要なときは奢ってもらう

5月23日

手紙で思いを伝える

――ラブレターの日

5月24日

今日は走るの禁止

――かがわの水割

5月25日

家庭菜園でお隣さんに格の違い見せつける

5月26日

魚の代わりにプラスチックを釣る

世界ではプラスチック釣り大会も開かれているよ!

滝沢メモ

海洋プラスチック

プラスチックゴミが毎年800万トンも海に流出しているらしい。**2050年**には、海にいる**魚の数を上回る**という恐ろしい予測も出ているんです。

5月27日

百人一首の日

景色の良い場所で和歌を詠む

5月28日

消しゴムのかすをゴミ箱に捨てる

5月29日

地元の農産品を知る

5月30日

ゴミゼロの日

真夜中のゴミ拾い

5月31日

世界禁煙デー

缶やペットボトルをゴミ箱代わりに使わない

せっかくの資源を汚したらリサイクルできなくなるよ

Index

■ 達成できた　◪ チャレンジ中

6

JUNE

月

除湿した水で
水割りを作りました。
焼酎除湿割り。

かがわの水割

6月1日

牛乳の日

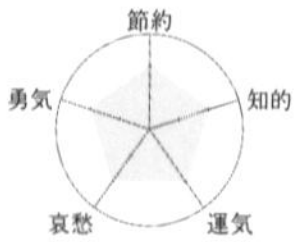

まけまけに注いだ牛乳を2杯飲む

滝沢メモ

牛乳の大量廃棄の原因って?

季節の変動などで**需給バランス**が大きく変わる牛乳。栄養満点の牛乳や乳製品を食習慣に取り入れて、牛乳の大量廃棄をグビグビっと減らしましょう！

6月2日

今晩は一汁一菜

6月3日

スマホの充電を20%で出かける

——まりんか

6月4日

——虫の日

今晩のおつまみは食用コオロギ

——サディスファクション渋谷

苦手な人は絶対にしないでね！絶対にね！絶対に！

6月5日

世界環境デー

食品トレーを近所の回収ボックスへ持参

節約
知的
運気
哀愁
勇気

牛乳パックや電池なんかも回収しているよ

6月6日

飲み水の日

水道水で空腹を凌ぐ

節約
知的
運気
哀愁
勇気

6月7日

米粉《こめこ》を常備する

節約
知的
運気
哀愁
勇気

6月8日

世界海洋デー

ワンランク上の丈夫な傘を買う

本田しずまる

ムッ!!

いいモノは大切に使うから長～い付き合いになるね

節約
知的
運気
哀愁
勇気

6月9日

ロックの日

鏡の前で
ほうきギター

せっかくだから、この流れでお部屋を掃除しよう

6月10日

笑いのハードルをぐんっと下げて多めに笑おう

——ねろめ

ゴミ捨てなくて、ゴミんね……笑えー！！！

6月11日

傘の日

傘に名前書く

――まりんか

6月12日

恋人の日

腹八分目以上満腹未満

6月13日

災害用の伝言ダイヤル171を登録する

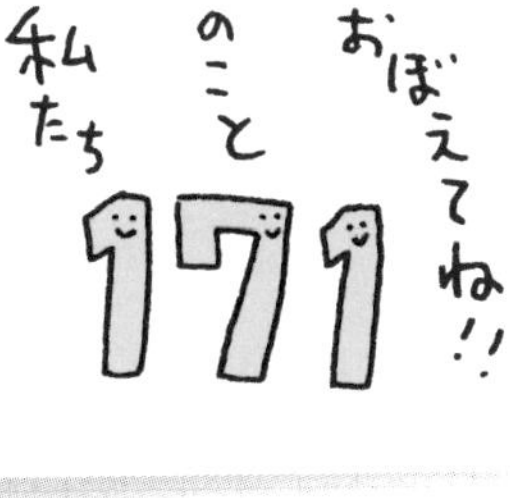

6月14日

世界献血者デー

献血するともらえる記念品を調べる

6月15日

暑中見舞いの日

何かしらをおすそ分けする

6月16日

炊飯器の保温を切る

6月17日

不用品を使ってストレッチ

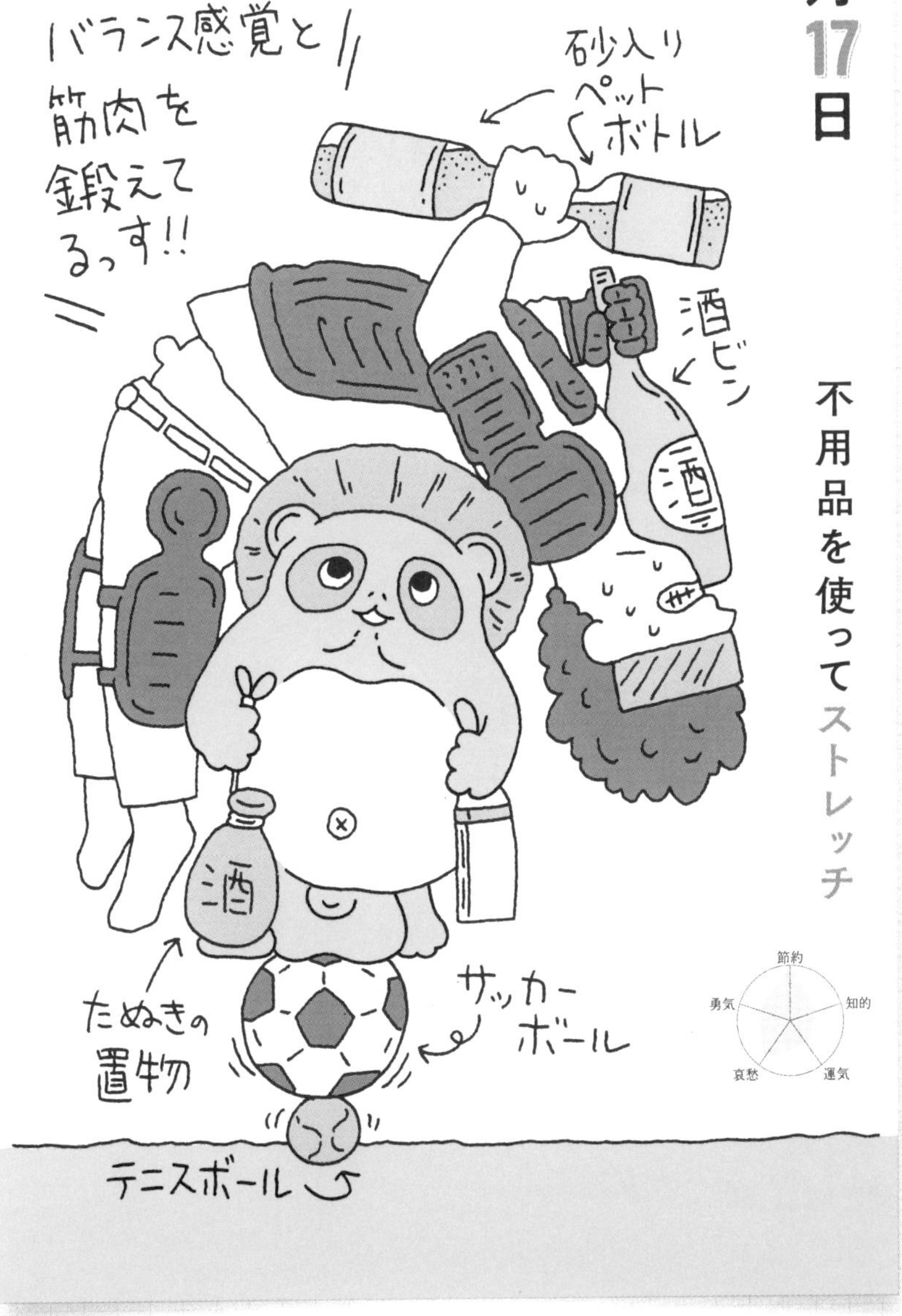
バランス感覚と筋肉を鍛えてるっす!!
砂入りペットボトル
酒ビン
酒
酒
サ
たぬきの置物
サッカーボール
テニスボール
節約
知的
運気
哀愁
勇気

6月18日

持続可能な食文化の日

食べきれなかった料理を持ち帰る

料理を持ち帰る際の容器をドギーバッグって呼んでるよ

6月19日

父の日（第3日曜）

ご当地ビールで乾杯！

6月20日

世界難民の日

世界には1億人以上の難民がいる現実をシェアする

6月21日

夏至

オクラを食べて粘り強さを鍛える

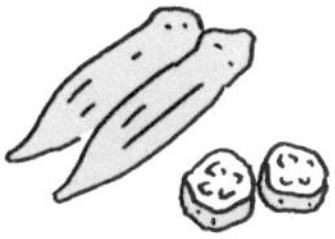

節約
知的
運気
哀愁
勇気

6月22日

約束の時間ギリギリに家を出て走る

—— まりんか

節約
知的
運気
哀愁
勇気

6月23日

冷蔵庫の中身を大掃除

—— 本田しずまる

付属のワサビやカラシ、タレなんかも大掃除

節約
知的
運気
哀愁
勇気

6月24日

無駄なプリントをしない

6月25日

近所の地図を書く

6月26日

土手の下でプチピクニック

6月27日

気になる情報がフェイクニュースかもしれないと疑う

6月28日

プラスチックフリーを意識した顔をする

6月29日

ノー残業デー

6月30日

お茶パックを食器洗いに使う

―― ねろめ

少量の水だけでピカピカになるよ。洗剤要らずの優れもの！

Index

■ 達成できた　◩ チャレンジ中

- 6/1 まけまけに注いだ牛乳を2杯飲む □
- 6/2 今晩は一汁一菜 □
- 6/3 スマホの充電を20%で出かける □
- 6/4 今晩のおつまみは食用コオロギ □
- 6/5 食品トレーを近所の回収ボックスへ持参 □
- 6/6 水道水で空腹を凌ぐ □
- 6/7 米粉を常備する □
- 6/8 ワンランク上の丈夫な傘を買う □
- 6/9 鏡の前でほうきギター □
- 6/10 笑いのハードルをぐんっと下げて多めに笑おう □
- 6/11 傘に名前書く □
- 6/12 腹八分目以上満腹未満 □
- 6/13 災害用の伝言ダイヤルを登録する □
- 6/14 献血するともらえる記念品を調べる □
- 6/15 何かしらをおすそ分けする □
- 6/16 炊飯器の保温を切る □
- 6/17 不用品を使ってストレッチ □
- 6/18 食べきれなかった料理を持ち帰る □
- 6/19 ご当地ビールで乾杯! □
- 6/20 世界には1億人以上の難民がいる現実をシェアする □
- 6/21 オクラを食べて粘り強さを鍛える □
- 6/22 約束の時間ギリギリに家を出て走る □
- 6/23 冷蔵庫の中身を大掃除 □
- 6/24 無駄なプリントをしない □
- 6/25 近所の地図を書く □
- 6/26 土手の下でプチピクニック □
- 6/27 気になる情報がフェイクニュースかもしれないと疑う □
- 6/28 プラスチックフリーを意識した顔をする □
- 6/29 ノー残業デー □
- 6/30 お茶パックを食器洗いに使う □

7

JULY

月

花火とかけまして
浜辺のゴミを使ったアートと解く。
その心は、どちらも
打ち上げられたもので楽しみます

本田しずまる

7月1日

国民安全の日

山開き！
海開き！
ゴミ開き！

7月2日

一年の折り返しの日

下半期の目標を家族に宣言

7月3日

冷蔵庫の消臭剤を重曹に変える

7月4日

地域の清掃活動に参加

7月5日

捨てる前に軽く洗う

――ねろめ

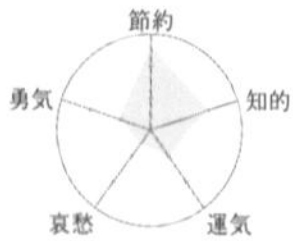

7月6日

今日のランチは手づくりパン屋さん

――本田しずまる

7月7日

七夕

使い終わった短冊をしおりとして使う

7月8日

エコは金なりを座右の銘にする

七転八起の日

7月9日

家にある壊れたものを直す

7月10日

朝夕納豆縛り

納豆の日

7月11日

80億人を笑わせるギャグを考える

世界人口デー

7月12日

アレルギー27品目を抜いた食事を試す

——火災報知器 小林

節約
知的
運気
哀愁
勇気

7月13日

森林ボランティアに参加する

節約
知的
運気
哀愁
勇気

7月14日

紙パックを洗って乾かす

しっかり中も洗ってね

ハミングしながら洗って、開いて、乾かして♪

節約
知的
運気
哀愁
勇気

7月15日

海の日（第3月曜）

海沿いのオーガニックカフェに行く

節約
知的
運気
哀愁
勇気

7月16日

自作の断熱シートを室外機に置く

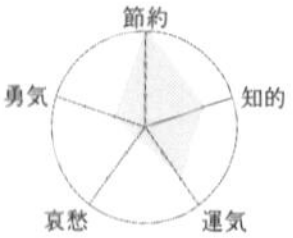
節約
知的
運気
哀愁
勇気

7月17日

使い終えたラップを丸めて拭き掃除

節約
知的
運気
哀愁
勇気

7月18日

冷蔵庫の適温を確認しよう

――高橋正樹

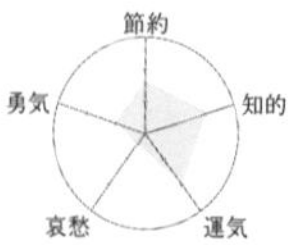
節約
知的
運気
哀愁
勇気

7月19日

エアコンのフィルター掃除

――本田しずまる

7月20日

認証マークのついたサステナブルシーフードを買う

7月21日

――日本三景の日

マイ日本三景を発表する

近所の広場で「股のぞき」をしてみよう。龍が見えるかも？

7月22日

まっさきに思い浮かんだ脱●●をする

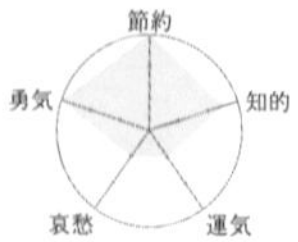

脱税とか脱脂綿とか脱ぎ芸とかはダメよ!

7月23日

「う」のつくものだけを食べる

梅干し、ウリ、うどん…ウナギ以外もたくさんあるね

7月24日

ゴミ箱掃除でスッキリ清潔を保つ

7月25日

給料先取り貯金

7月26日

お皿をサラッと拭いて台所に移動

——本田しずまる

7月27日

ちょっとエッチな大根をおかずにする

不格好だけどどこか憎めない、規格外野菜はおいしくてお得！

7月28日

冷蔵庫に入れた物をメモしておく

——高橋正樹

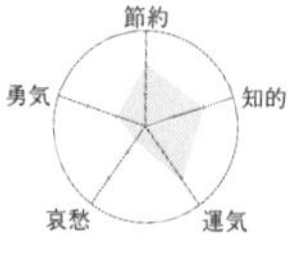

7月29日

家のまわりにある植物を知ろう

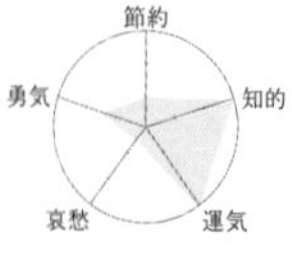

7月30日

バンブー素材の歯ブラシを買う

節約
知的
運気
哀愁
勇気

竹

滝沢メモ

地球にやさしい竹素材に注目

プラスチックの代替品として注目したいのが竹。**軽量**で**耐久性**に優れ、おしゃれな**超優秀エコ素材**。１つ取り入れてその凄さを実感してみましょう。

7月31日

ペットボトルで風鈴を作る

節約
知的
運気
哀愁
勇気

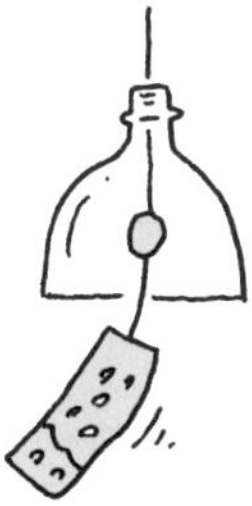

風鈴は見ているだけで涼しげだね～。鳴らなくてもいっか

Index

■ 達成できた　◩ チャレンジ中

日付	内容		日付	内容	
7/1	山開き！海開き！ゴミ開き！	□	7/17	使い終えたラップを丸めて拭き掃除	□
7/2	下半期の目標を家族に宣言	□	7/18	冷蔵庫の適温を確認しよう	□
7/3	冷蔵庫の消臭剤を重曹に変える	□	7/19	エアコンのフィルター掃除	□
7/4	地域の清掃活動に参加	□	7/20	認証マークのついたサステナブルシーフードを買う	□
7/5	捨てる前に軽く洗う	□	7/21	マイ日本三景を発表する	□
7/6	今日のランチは手づくりパン屋さん	□	7/22	まっさきに思い浮かんだ脱●●をする	□
7/7	使い終わった短冊をしおりとして使う	□	7/23	「う」のつくものだけを食べる	□
7/8	エコは金なりを座右の銘にする	□	7/24	ゴミ箱掃除でスッキリ清潔を保つ	□
7/9	家にある壊れたものを直す	□	7/25	給料先取り貯金	□
7/10	朝夕納豆縛り	□	7/26	お皿をサラッと拭いて台所に移動	□
7/11	80億人を笑わせるギャグを考える	□	7/27	ちょっとエッチな大根をおかずにする	□
7/12	アレルギー27品目を抜いた食事を試す	□	7/28	冷蔵庫に入れた物をメモしておく	□
7/13	森林ボランティアに参加する	□	7/29	家のまわりにある植物を知ろう	□
7/14	紙パックを洗って乾かす	□	7/30	バンブー素材の歯ブラシを買う	□
7/15	海沿いのオーガニックカフェに行く	□	7/31	ペットボトルで風鈴を作る	□
7/16	自作の断熱シートを室外機に置く	□			

8

AUGUST

月

エアコンに頼るときは頼る!
地球よりも
まずは自分の命、大切!

山本マリア

8月1日

レプリカのユニフォームを普段着にする

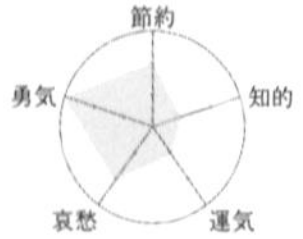

――山本マリア

この前、母親がおれの高校時代のジャージを着ていたよ！

8月2日

お客様相談箱に「環境に配慮した商品が欲しい」と書く

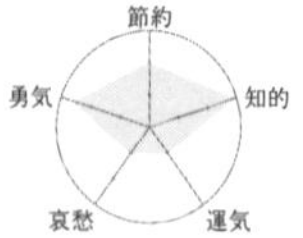

8月3日

名前のない家事をネーミング

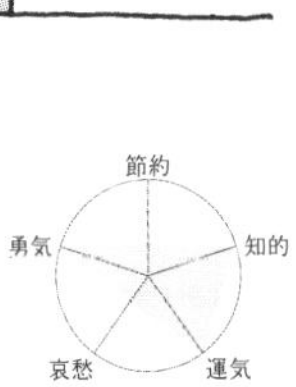

8月4日

割り箸禁止デー

箸の日

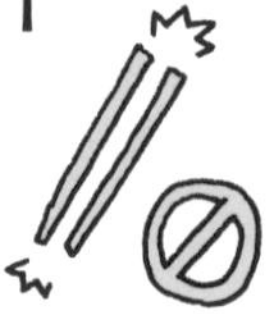

節約
知的
運気
哀愁
勇気

8月5日

冷房使わず水シャワー

サディスファクション渋谷

冷

節約
知的
運気
哀愁
勇気

8月6日

クローゼットに眠っている服を寄付

zzz…

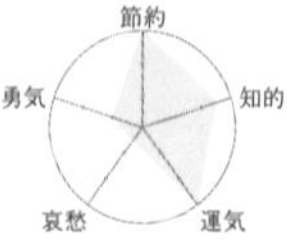

節約
知的
運気
哀愁
勇気

滝沢メモ

ふくのわプロジェクト

まだ十分に着られる、使える衣服を寄付することで、**パラ（障がい者）スポーツ競技団体を応援**できるプロジェクトです。www.fukunowa.com

8月7日

花の日

失敗した数だけ花を買う

滝沢メモ

ロスフラワーについて

美しいままで廃棄されてしまう花、ロスフラワーの経済損失は**年間1500億円**とも。花を日常に取り入れることで、花が喜び、心も癒やされWin-Win！

8月8日

笑いの日

あの人の鼻毛は個性。と切り替える

8月9日

エアコンは朝までつけっぱなしにする

8月10日

手洗い・うがいをいつもより念入りに

8月11日

山の日

ドン引きするくらい低い山に登る

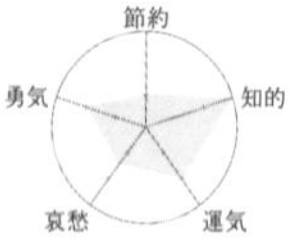

8月12日

率先してお手伝い

8月13日

一日、断食をする

——かがわの水割

8月14日

ポチッとする前にいま一度、自問自答

本当に必要かどうか、もう一度考え直してみて

8月15日

なにがなんっでも20時に寝る

——サディスファクション渋谷

8時だよ！全員就寝！お風呂、歯磨き忘れるなよ！

8月16日

エアコンの温度を2℃上げる

「すこ～しも暑くないわ」と歌ってからすると効果抜群

8月17日

就寝前に整理整頓

――赤プル

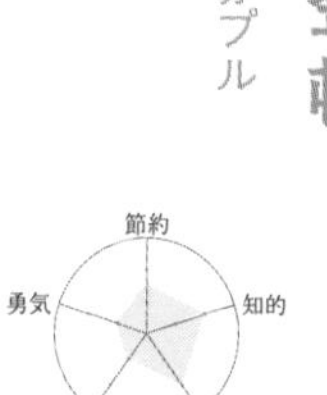

8月18日

フライパンからダイレクトに食事

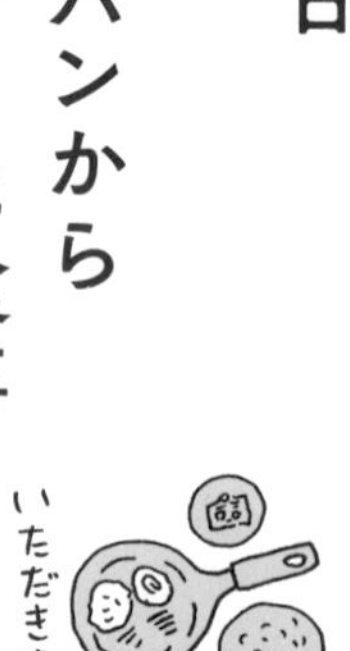

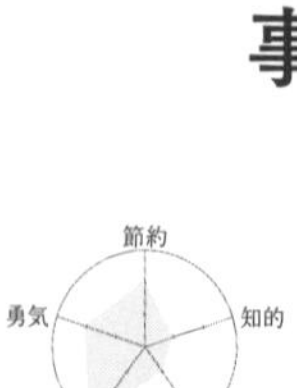

8月19日

俳句の日

捨てないでまた会うためのリサイクル

――火災報知器 小林

滝沢メモ

グリーンウォッシュって知ってる?

環境に配慮しているように**見せかけ**た**商品**や**サービス**のこと。見た目に惑わされず本物の取り組みを見極めましょう。虹色バッジは付けてるだけじゃダメ!

8月20日

LED電球を取り入れる

よろしく！
交代ね！

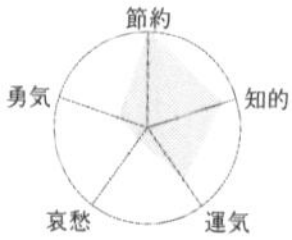
節約
知的
運気
哀愁
勇気

8月21日

エアコンに頼らない服装をする

節約
知的
運気
哀愁
勇気

8月22日

日焼け止めクリームをやめて忍者歩きする

——まりんか

影へ…！
ササッ

節約
知的
運気
哀愁
勇気

滝沢メモ

日焼け止めの種類

日焼け止めに含まれる**紫外線吸収剤**はサンゴにとって悪影響。紫外線吸収剤**不使用**または**ノンケミカル**の商品を選んでサンゴとお肌を守りましょう。

8月23日

冷凍フルーツでかき氷シロップを作る

8月24日

歯ブラシの日

庭のお手入れがてら雑草で歯を磨く

――手塚ジャスティス

8月25日

充電式に替えられるものを探す

8月26日

ATMで涼みつつ残高確認

8月27日

ペットボトルのリサイクル率を知る

滝沢メモ

日本のリサイクル率

日本のペットボトル**回収率**はなんと9割超！さらに**リサイクル率**は8割と**世界トップクラス**。プラスチックゴミを減らしたいけど、これは自慢できる！

8月28日

食器洗いスポンジをヘチマに変える

8月29日

卵の薄皮を絆創膏代わりに使う

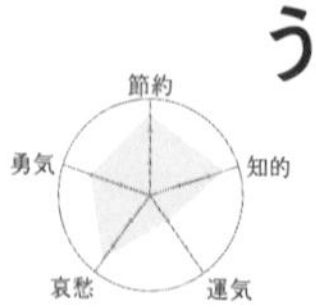

8月30日

宅配便の伝票は古紙にせず燃やせるゴミへ

インクが特殊過ぎて古紙回収には出せないんだよ

8月31日

野菜の日

お野菜たっぷりみそ汁を振る舞う

みそ汁はなんぼあってもいいですからね！

Index

■ 達成できた　◩ チャレンジ中

- 8/1 レプリカのユニフォームを普段着にする □
- 8/2 お客様相談箱に「環境に配慮した商品が欲しい」と書く □
- 8/3 名前のない家事をネーミング □
- 8/4 割り箸禁止デー □
- 8/5 冷房使わず水シャワー □
- 8/6 クローゼットに眠っている服を寄付 □
- 8/7 失敗した数だけ花を買う □
- 8/8 あの人の鼻毛は個性。と切り替える □
- 8/9 エアコンは朝までつけっぱなしにする □
- 8/10 手洗い・うがいをいつもより念入りに □
- 8/11 ドン引きするくらい低い山に登る □
- 8/12 率先してお手伝い □
- 8/13 一日、断食をする □
- 8/14 ポチッとする前にいま一度、自問自答 □
- 8/15 なにがなんっでも 20 時に寝る □
- 8/16 エアコンの温度を 2℃上げる □
- 8/17 就寝前に整理整頓 □
- 8/18 フライパンからダイレクトに食事 □
- 8/19 捨てないで また会うためのリサイクル □
- 8/20 ＬＥＤ電球を取り入れる □
- 8/21 エアコンに頼らない服装をする □
- 8/22 日焼け止めクリームをやめて忍者歩きする □
- 8/23 冷凍フルーツでかき氷シロップを作る □
- 8/24 庭のお手入れがてら雑草で歯を磨く □
- 8/25 充電式に替えられるものを探す □
- 8/26 ＡＴＭで涼みつつ残高確認 □
- 8/27 ペットボトルのリサイクル率を知る □
- 8/28 食器洗いスポンジをヘチマに変える □
- 8/29 卵の薄皮を絆創膏代わりに使う □
- 8/30 宅配便の伝票は古紙にせず燃やせるゴミへ □
- 8/31 お野菜たっぷりみそ汁を振る舞う □

9
SEPTEMBER
月

無観客無配信の
単独ライブやってます!
これもエコですか?

ねろめ

9月1日

防災の日

家族人数分の懐中電灯を常備する

9月2日

ハズレくじをしっかりと供養

宝くじの日

9月3日

家に詰め替え商品がいくつあるか調べる

9月4日

おすすめの本を友達と交換する

火災報知器 小林

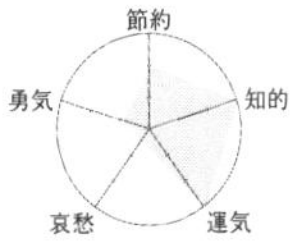

9月5日

使い終えた歯ブラシでスニーカーを洗う

9月6日

松崎しげるの日

ゴミ箱の底に炭を仕込んでおく

炭には脱臭効果があるから、靴箱に仕込んでおくのもいいよ！

9月7日

ベランダを緑色の植物でデコレーション

9月8日

動画を見ながら通勤留学

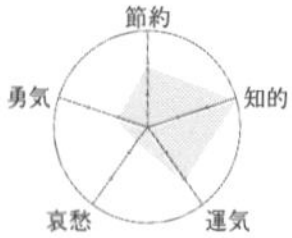

9月9日

救急の日

救急箱の中身をチェック・ワンツー

滝沢メモ

救急箱の定期点検

救急箱は点検日を決めておきましょう。**期限切れの薬**がないか、**衛生用品**が傷んでいないか状態を確認していざという時に備えよう。

節約
知的
運気
哀愁
勇気

9月10日

そうだ、今夜は鹿肉、食べよう

――かがわの水割

ジビエ、おしゃれでしょ?
へへへ…

それなら寺門ジモンさんを誘って、一緒に食べよう!

節約
知的
運気
哀愁
勇気

9月11日

電源を入れずにレンタサイクルを使う

この無慈悲な省エネはどれくらい地球にやさしいのだろう…

9月12日

落ち葉を集めて庭に埋める

滝沢メモ

落ち葉を発酵させた腐葉土

落ち葉を集めたらゴミに出したり燃やしたりせずに土に埋めましょう。虫や微生物の力で**発酵**し、やがて**腐葉土**になると土壌が元気いっぱいに。

9月13日

環境にやさしい洗剤を選ぶ

ありがと〜

節約
知的
運気
哀愁
勇気

9月14日

あえて道に迷う

――ねろめ

キョロキョロ
わ、わざと迷ってるだけ！
ホントはわかってるから！

節約
知的
運気
哀愁
勇気

9月15日

5分早く起きる

毎日続けると、いずれ眠る時間がなくなるね！

節約
知的
運気
哀愁
勇気

9月16日

再エネ電気プランを検討する

滝沢メモ

バイオマス発電って知ってる?

バイオマスとは**生ゴミ**や**下水汚泥**など再生可能な生物資源のこと。これらを燃焼する際に発生するガスは**発電エネルギー**として再利用できます。

9月17日

置き配BOXを設置

——サディスファクション渋谷

9月18日

有線イヤホンを使う

——白れんが松本

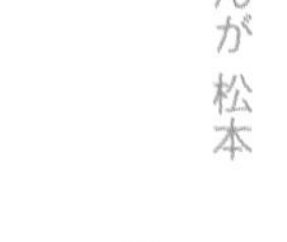

9月19日

敬老の日(第3月曜)

目上の人に小さな親切

大きなお世話と言われても気にしない、気にしない

9月20日

すぐに食べなくても
てまえどり

9月21日

国際平和デー

外出先でも
節電そして節水

9月22日

カーフリーデー

車にも調子にも
乗らない

9月23日

秋分の日

旬に敏感になろう

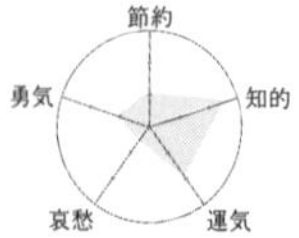

9月24日

清掃の日

え!? それダメなんですか?
油ヨゴレや食べカス付きは古紙に出せないんだよ…
ピザ
MILK

種類ごとに古紙を分別する

節約 知的 運気 哀愁 勇気

9月25日

オフの日は笑おう

――白れんが松本

9月26日

歯磨きの間は水を止める

9月27日

ラベルレスのペットボトルを買う

――サディスファクション渋谷

最近増えてきたよね！どんどん増えるといいな！

9月28日

お部屋をパワスポにしてみっぺ

――赤プル

もう自分がパワースポットになっちゃえばいいんだよ

9月29日

――中秋の名月

くれぐれも暴飲暴食に走らない

9月30日

かさばるゴミをグシャっとプレス

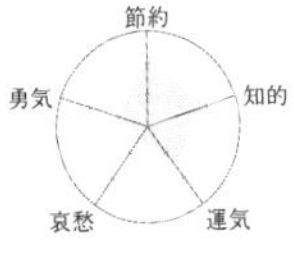

Index

■ 達成できた　◪ チャレンジ中

9/1	家族人数分の 懐中電灯を常備する	□	9/17	置き配BOXを設置	□
9/2	ハズレくじをしっかりと供養	□	9/18	有線イヤホンを使う	□
9/3	家に詰め替え商品が いくつあるか調べる	□	9/19	目上の人に小さな親切	□
9/4	おすすめの本を 友達と交換する	□	9/20	すぐに食べなくてもてまえどり	□
9/5	使い終えた歯ブラシで スニーカーを洗う	□	9/21	外出先でも節電そして節水	□
9/6	ゴミ箱の底に 炭を仕込んでおく	□	9/22	車にも調子にも乗らない	□
9/7	ベランダを緑色の植物で デコレーション	□	9/23	旬に敏感になろう	□
9/8	動画を見ながら通勤留学	□	9/24	種類ごとに古紙を分別する	□
9/9	救急箱の中身を チェック・ワンツー	□	9/25	オフの日は笑おう	□
9/10	そうだ、今夜は 鹿肉、食べよう	□	9/26	歯磨きの間は水を止める	□
9/11	電源を入れずに レンタサイクルを使う	□	9/27	ラベルレスの ペットボトルを買う	□
9/12	落ち葉を集めて庭に埋める	□	9/28	お部屋をパワスポに してみっぺ	□
9/13	環境にやさしい洗剤を選ぶ	□	9/29	くれぐれも 暴飲暴食に走らない	□
9/14	あえて道に迷う	□	9/30	かさばるゴミを グシャっとプレス	□
9/15	5分早く起きる	□			
9/16	再エネ電気プランを検討する	□			

10

OCTOBER

月

秋こそ1歩を踏み出す時！
いや半歩！いや微歩！
いやナノ歩でも！

高橋正樹

10月1日

コーヒーの日、衣替えの日

コーヒーかすを乾燥させて消臭グッズを作る

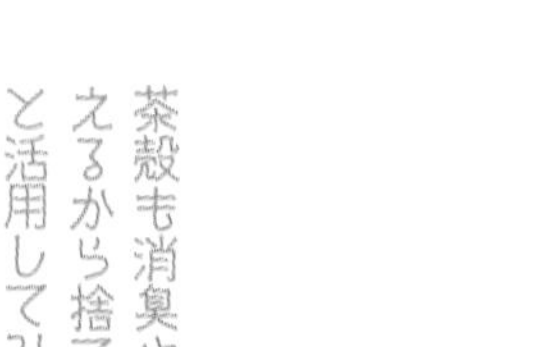
ワーイ!!
まだ役に立つよ!!

茶殻も消臭や清掃に使えるから捨てる前にひと活用してみて!

節約
知的
運気
哀愁
勇気

10月2日

金継ぎにチャレンジ

10月3日

使ってないアプリは消しちゃおう

――サディスファクション渋谷

お部屋もストレージも整理整頓がエコにつながります

10月4日

徒歩圏内のアットホームな店で食事する

節約 知的 運気 哀愁 勇気

10月5日

レジ袋ゼロデー

レジ袋は使い捨てせず エコ袋としてお付き合い

世界60カ国以上が、レジ袋の禁止や有料化をしているよ

10月6日

捨ててもいいモノ
縛りでしりとり

――火災報知器 小林

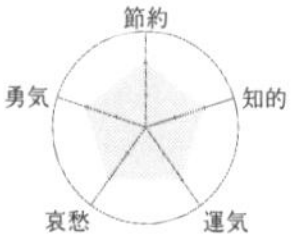

10月7日

スマホに頼らない

10月8日

今日のお昼は
タッパー弁当

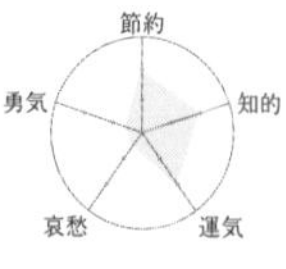

10月9日

昨日の自分より
やさしくなる

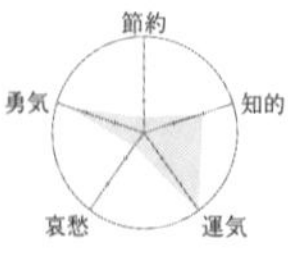

10月10日

スポーツの日（第2月曜）

明け方にエクササイズ　夜更け前にひとり相撲

――ドイツみちこ

ひとりでなんでもできるもん！なんでも楽しむって大事！

10月11日

安全・安心なまちづくりの日

工場見学に行く

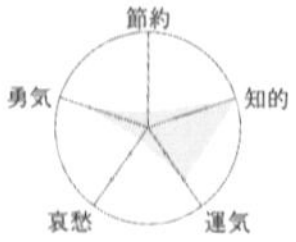

現場を知るのって大事！ぜひ清掃工場に行ってみて！

10月12日

充電しないで一日を過ごす

——本田しずまる

10月13日

国際防災デー

手の届くところにホイッスルを備える

——赤プル

防災の意識を高めよう、そのひと笛が命を助けるんだ

10月14日

鉄道の日

はじめましての駅で
途中下車

10月15日

世界手洗いの日

手の甲、手の裏
しみじみ見つめて
手を洗う

ずいぶんしわが増
えたけどこれも経
験値、自分に感謝

10月16日

世界食料デー

生産者の顔がわかる食材で意識高めサラダを作る

滝沢メモ

ハンガー・ゼロって知ってる？

ハンガーとは**飢餓**のこと。世界では**9人に1人**が飢餓で死に直面しています。一方、世界で作られた全食品のうち約4割が廃棄されているらしい。

10月17日

AED設置場所を調べる

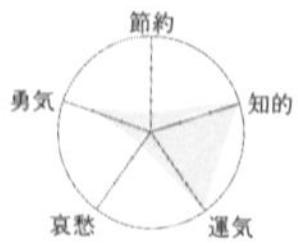

滝沢メモ

いざというときのAED

突然に心停止となった人の命を救うAEDは設置場所を知ることから。**通勤通学路**、よく使う**駅**や**行く場所**は**検索**できます。aedm.jp

10月18日

使わない電気はこまめに消す

10月19日

ゴミに名前をつけてみる

――まりんか

10月20日

リサイクルの日

節約
知的
運気
哀愁
勇気

食器洗いのすすぎ水でプラ容器を洗う

役に立ててね

ピカピカに洗いすぎなくて大丈夫ですので！

10月21日

数日分のおかずを作り置き

―― サディスファクション渋谷

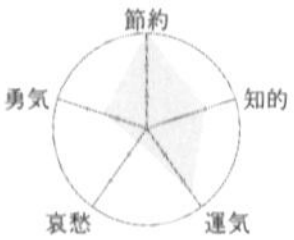

10月22日

地元の隠れた紅葉スポットへ行く

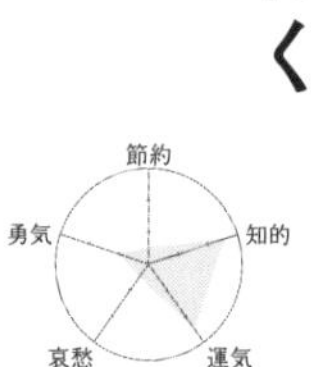

10月23日

置き去りの商品を正しい場所へ戻す

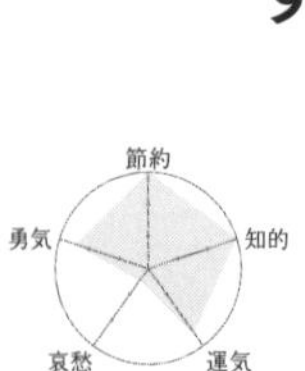

10月24日

生ものだけで一日を過ごす

火災報知器 小林

10月25日

仕事の打ち合わせを公園でする

10月26日

デニムの日

愛用ジーンズの着用歴を勝負する

10月27日

立ち読みされ尽くした本を買う

読書の日

ボロ…

節約
知的
運気
哀愁
勇気

10月28日

紙パックの商品を優先で選ぶ

節約
知的
運気
哀愁
勇気

10月29日

旬野菜で夕ごはん

節約
知的
運気
哀愁
勇気

10月30日

使わなくなったリュックで防災袋を作る

―― 赤プル

節約
知的
運気
哀愁
勇気

節約
知的
運気
哀愁
勇気

10月31日

ハロウィン

今年はコレで
注目をあびるぞ!!
エコマー君
エコというより
エゴかな…

エコマークのコスプレをする

Index

■ 達成できた　◩ チャレンジ中

- 10/1 コーヒーかすを乾燥させて消臭グッズを作る ☐
- 10/2 金継ぎにチャレンジ ☐
- 10/3 使ってないアプリは消しちゃおう ☐
- 10/4 徒歩圏内のアットホームな店で食事する ☐
- 10/5 レジ袋は使い捨てせずエコ袋としてお付き合い ☐
- 10/6 捨ててもいいモノ縛りでしりとり ☐
- 10/7 スマホに頼らない ☐
- 10/8 今日のお昼はタッパー弁当 ☐
- 10/9 昨日の自分よりやさしくなる ☐
- 10/10 明け方にエクササイズ夜更け前にひとり相撲 ☐
- 10/11 工場見学に行く ☐
- 10/12 充電しないで一日を過ごす ☐
- 10/13 手の届くところにホイッスルを備える ☐
- 10/14 はじめましての駅で途中下車 ☐
- 10/15 手の甲、手の裏しみじみ見つめて手を洗う ☐
- 10/16 生産者の顔がわかる食材で意識高めサラダを作る ☐
- 10/17 ＡＥＤ設置場所を調べる ☐
- 10/18 使わない電気はこまめに消す ☐
- 10/19 ゴミに名前をつけてみる ☐
- 10/20 食器洗いのすすぎ水でプラ容器を洗う ☐
- 10/21 数日分のおかずを作り置き ☐
- 10/22 地元の隠れた紅葉スポットへ行く ☐
- 10/23 置き去りの商品を正しい場所へ戻す ☐
- 10/24 生ものだけで一日を過ごす ☐
- 10/25 仕事の打ち合わせを公園でする ☐
- 10/26 愛用ジーンズの着用歴を勝負する ☐
- 10/27 立ち読みされ尽くした本を買う ☐
- 10/28 紙パックの商品を優先で選ぶ ☐
- 10/29 旬野菜で夕ごはん ☐
- 10/30 使わなくなったリュックで防災袋を作る ☐
- 10/31 エコマークのコスプレをする ☐

11

NOVEMBER

月

ノーポイ捨て
ノー無駄使い
ノーマネー!!

大提灯 サディスファクション渋谷

11月1日

世界ヴィーガン・デー

豆腐ハンバーグを食べる

―― 火災報知器 小林

私こう見えて
肉じゃないの…

節約
知的
運気
哀愁
勇気

滝沢メモ

代替食品は地球の味方！

最近よく耳にする代替《だいたい》食品。お肉に頼った生活を改善することで、動物から排出される有害なガスを減らし、**地球温暖化の抑制**に効果があります。

11月2日

冷蔵庫の中を写真に撮ってから買い物に行く

―― ねろめ

節約
知的
運気
哀愁
勇気

11月3日

ふるさと納税で地域を応援

もちろん気になる返礼品で選んでもいいよね

11月4日

地球にやさしくない人を批判しない

11月5日

待ち合わせ場所からポイ捨てをなくす

11月6日

一晩置いたお米のとぎ汁でお肌ケア

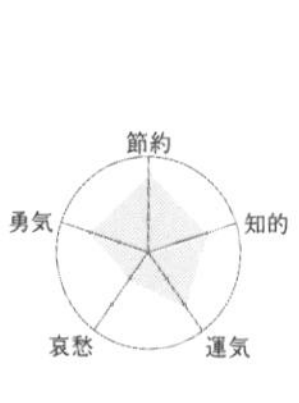

11月7日

レンタル洋服を試す

気軽にイメチェンできるから とっても便利

大事に
着てね!!

節約
知的
運気
哀愁
勇気

11月8日

今日は外食しない

――本田しずまる

節約
知的
運気
哀愁
勇気

11月9日

繰り返し使えるみつろうラップを導入

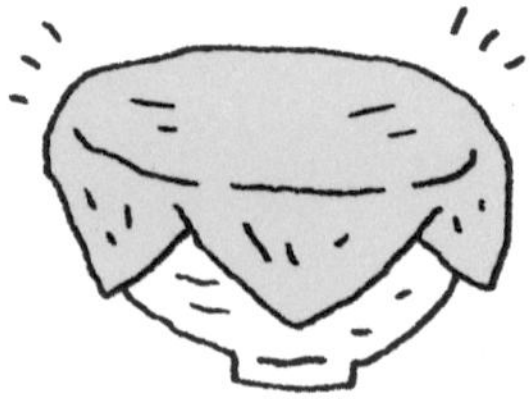

みつろうラップの自作にチャレンジしてみよう！

滝沢メモ

みつろうラップって？

蜜蝋《みつろう》とはミツバチの巣から蜂蜜をとった後に残る天然のワックス成分。布にコーティングすると、ラップ代わりに繰り返し使えて、抗菌性や保全性も秀逸です。

11月10日

近くの銭湯に行く

銭湯で心も、体も、地元も、ととのいますね!

11月11日

介護の日

困っている人を率先してお手伝い

11月12日

家の中から星を見よう

——白れんが 松本

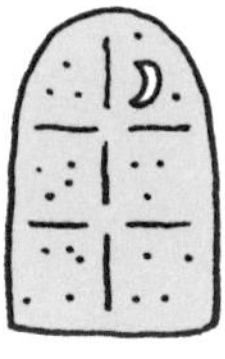

11月13日

財布に入ってる
小銭の数だけ
腕立て伏せ

―― 火災報知器 小林

11月14日

マグネット広告に
好きなロゴを
重ねてリメイク

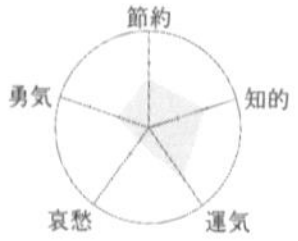

捨てるときは可燃
は不燃か地域に
よって異なるよ

11月15日

七五三

老若男女問わず晴れ姿でおでかけ

服装ひとつで気持ちも変わる、なんでもない日を特別な日に！

11月16日

外食時は紙ナプキンをなるべく使わない

11月17日

本日の上り下りは階段だけにする

なんなら月水金は階段にしよう！いや、ひとまず月金！

11月18日

カメラフォルダの不要な写真を消す

――サディスファクション渋谷

たまに見返すと「なにこれ?」って写真結構あるよね

11月19日

世界トイレの日

大をもよおすまで小を我慢する

山本マリア

よし、小も大も
中さえもガマンしよう!

我慢は体に悪いのでおすすめしません!レバーの大小を使い分けて節水しよう!

節約
知的
運気
哀愁
勇気

11月20日

ハッカ油でマウスウォッシュを作ってみよう

手軽に買えて、体にやさしいし、虫よけにも使えるよ！

11月21日

粗大ゴミでDIY

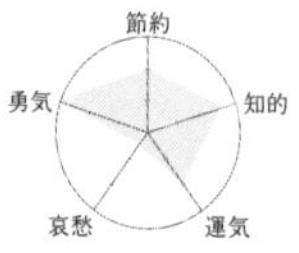

11月22日

いい夫婦の日

日頃の感謝を込めてプチサプライズ

11月23日

勤労感謝の日

身振り手振りを交えてありがとうを伝える

それがかえって周りの迷惑にならないようにね！

11月24日

使っていない電源プラグを抜く

11月25日

使っている電源プラグはしっかり挿す

11月26日

いつもより少なめの湯量で半身浴

――手塚ジャスティス

11月27日

平日の真っ昼間から防災食を試食

――赤プル

11月28日

おでんの残り汁で炊き込みご飯

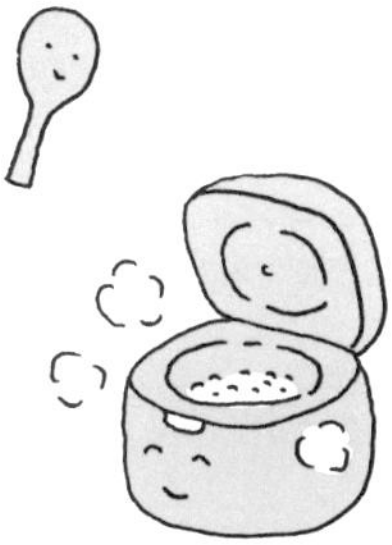

なんなら残った具も細かく刻んで炊き込みご飯の具材に！

11月29日

いい服の日

ヴィンテージで個性をさらけ出す

11月30日

台所のふきんをレンジでチンして殺菌

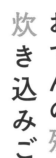

Index

■ 達成できた　◩ チャレンジ中

11/1	豆腐ハンバーグを食べる	□	11/17	本日の上り下りは階段だけにする	□
11/2	冷蔵庫の中を写真に撮ってから買い物に行く	□	11/18	カメラフォルダの不要な写真を消す	□
11/3	ふるさと納税で地域を応援	□	11/19	大をもよおすまで小を我慢する	□
11/4	地球にやさしくない人を批判しない	□	11/20	ハッカ油でマウスウォッシュを作ってみよう	□
11/5	待ち合わせ場所からポイ捨てをなくす	□	11/21	粗大ゴミでDIY	□
11/6	一晩置いたお米のとぎ汁でお肌ケア	□	11/22	日頃の感謝を込めてプチサプライズ	□
11/7	レンタル洋服を試す	□	11/23	身振り手振りを交えてありがとうを伝える	□
11/8	今日は外食しない	□	11/24	使っていない電源プラグを抜く	□
11/9	繰り返し使えるみつろうラップを導入	□	11/25	使っている電源プラグはしっかり挿す	□
11/10	近くの銭湯に行く	□	11/26	いつもより少なめの湯量で半身浴	□
11/11	困っている人を率先してお手伝い	□	11/27	平日の真っ昼間から防災食を試食	□
11/12	家の中から星を見よう	□	11/28	おでんの残り汁で炊き込みご飯	□
11/13	財布に入ってる小銭の数だけ腕立て伏せ	□	11/29	ヴィンテージで個性をさらけ出す	□
11/14	マグネット広告に好きなロゴを重ねてリメイク	□	11/30	台所のふきんをレンジでチンして殺菌	□
11/15	老若男女問わず晴れ姿でおでかけ	□			
11/16	外食時は紙ナプキンをなるべく使わない	□			

12月

DECEMBER

バイクと相撲が好き!
でも、地球のほうが
もっと大好きです!

こじらせハスキー

12月1日

クリスマスケーキを予約

事前に予約して、大量生産・大量廃棄を減らそう

12月2日

使わなくなった
ネクタイで
スカート作ってみる

——赤プル

節約
知的
運気
哀愁
勇気

モロに
ネクタイ!?

12月3日

友達と自宅の本棚を
見せ合う

節約
知的
運気
哀愁
勇気

12月4日

街で見かけた
ゴミを3つ拾う

——本田しずまる

節約
知的
運気
哀愁
勇気

12月5日

国際ボランティア・デー

譲《ラー》我《ウー》們《マン》回《ウェイ》收《ショー》

この中国語を読み取って国際交流の一歩を踏み出そう！

12月6日

にんにくを食べて出社する

口臭が気になって呼吸の回数が減らせるよね！っておい！

12月7日

フリーマーケットで掘り出し物を探す

節約
知的
運気
哀愁
勇気

12月8日

荷物の届け先を近所のコンビニに変更

節約
知的
運気
哀愁
勇気

12月9日

使用済みのティーバッグを靴の脱臭剤にする

――ドイツみちこ

よくかわかしてね…

当たり前だけど、乾燥させてから使ってね！

節約
知的
運気
哀愁
勇気

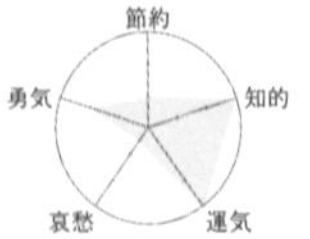

12月10日

世界人権デー

誰も彼も温かく迎える

来るもの拒まず、去るもの追わず、売れない芸人にお仕事を！

12月11日

胃にいい日

寝る前に食べない、飲まない、悩まない。

難しいことは考えずに寝ちゃおう！ストレスためないのが一番！

12月12日

漢字の日

漢字一文字でSDGsを表す

12月13日

早起きして朝日を浴びよう

12月14日

マッチョとすれ違ったらつま先歩き10歩

——火災報知器 小林

12月15日

寄付金付きの年賀はがきを選ぶ

12月16日

竹串や楊枝はペットボトルに入れて安全・安心処分

油付きのボトルは、リサイクルできないので工夫して捨てよう

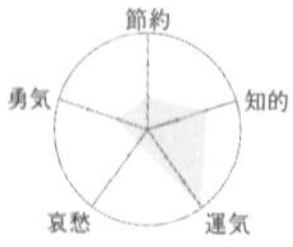

12月17日

液体調味料は布に染み込ませてから可燃ゴミへ出す

12月18日

だし取り後の昆布を佃煮にする

12月19日

穴の空いたタイツを便座カバーにする

12月20日

ご当地グルメを作ってみる

――サティスファクション渋谷

12月21日

賞味期限切れに過剰反応しない

―― 赤プル

滝沢メモ

ローリングストックて知ってる?

災害時に備えた**備蓄品**を**日常生活**で**消費**しながら使った分だけ購入する方法。食料の量をキープしながら新しいものを常にストックできます。

12月22日

―― 冬至

かぼちゃを器にまるごとクッキング

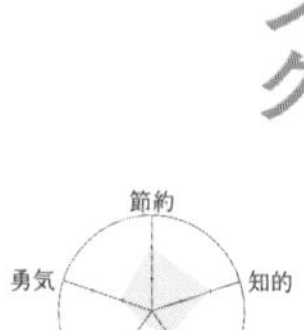

12月23日

残り湯をペットボトルに入れて湯たんぽ代わり

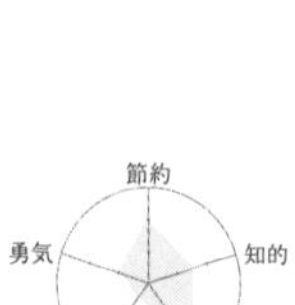

12月24日

クリスマス・イヴ

世界に一つだけのアップサイクル商品をプレゼント

節約
知的
運気
哀愁
勇気

プレゼント交換会にて
ボクのくつ下で作りました!!
意外とかわいい…
ちゃんと洗ってる…?

滝沢メモ

アップサイクルって知ってる?

廃棄予定のものに手を加えて**新しい製品にする**方法。アップサイクルはリサイクルと違い、原料に戻さずもともとの素材を生かして商品価値を生み出します。

12月25日

クリスマス

野菜のくずを使った ベジブロスを作る

── 橋爪ヨウコ

皮やヘタ、根っこなど
普段なら捨てちゃう
部分が出汁《だし》になる！

12月26日

予約録画をせず リアルタイムで見る

12月27日

廃材でそれっぽく 門松を作ってみる

12月28日

仕事納め

お開き前にもぐもぐタイムで食べ残しゼロ！

――まりんか

12月29日

年末年始のゴミ出しカレンダーをチェックする

12月30日

不要になった不織布マスクを拭き掃除に使う

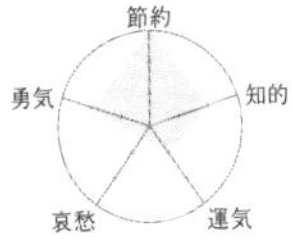

12月31日

大晦日

この本を2030年まで繰り返し使う

――滝ゴミメンバー一同

そのころにはここに載っている芸人誰かブレイクしてくれ！

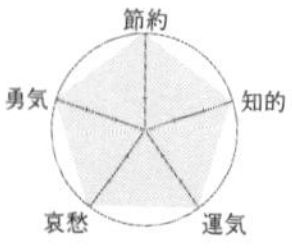

Index

■ 達成できた　◩ チャレンジ中

12/1	クリスマスケーキを予約	□	12/17	液体調味料は布に染み込ませてから可燃ゴミへ出す	□
12/2	使わなくなったネクタイでスカート作ってみる	□	12/18	だし取り後の昆布を佃煮にする	□
12/3	友達と自宅の本棚を見せ合う	□	12/19	穴の空いたタイツを便座カバーにする	□
12/4	街で見かけたゴミを3つ拾う	□	12/20	ご当地グルメを作ってみる	□
12/5	譲我們回收	□	12/21	賞味期限切れに過剰反応しない	□
12/6	にんにくを食べて出社する	□	12/22	かぼちゃを器にまるごとクッキング	□
12/7	フリーマーケットで掘り出し物を探す	□	12/23	残り湯をペットボトルに入れて湯たんぽ代わり	□
12/8	荷物の届け先を近所のコンビニに変更	□	12/24	世界に一つだけのアップサイクル商品をプレゼント	□
12/9	使用済みのティーバッグを靴の脱臭剤にする	□	12/25	野菜のくずを使ったベジブロスを作る	□
12/10	誰も彼も温かく迎える	□	12/26	予約録画をせずリアルタイムで見る	□
12/11	寝る前に食べない、飲まない、悩まない。	□	12/27	廃材でそれっぽく門松を作ってみる	□
12/12	漢字一文字でSDGsを表す	□	12/28	お開き前にもぐもぐタイムで食べ残しゼロ!	□
12/13	早起きして朝日を浴びよう	□	12/29	年末年始のゴミ出しカレンダーをチェックする	□
12/14	マッチョとすれ違ったらつま先歩き10歩	□	12/30	不要になった不織布マスクを拭き掃除に使う	□
12/15	寄付金付きの年賀はがきを選ぶ	□	12/31	この本を2030年まで繰り返し使う	□
12/16	竹串や楊枝はペットボトルに入れて安全・安心処分	□			

おわりに

いかがだったでしょうか？

僕を含めた滝沢ごみクラブのメンバー達の発表は？

後輩芸人達と考えた365個の地球にちょっとやさしいこと。

時折、それってＳＤＧｓというよりただのケチじゃないかね？

というのも中には混じっていました。

ん？　それ、結果としてＳＤＧｓになっているだけで、単純にお金がないだけじゃないか！　という噂もありますが、節約が趣味の僕は彼らの背中を後押ししたいと思います。

むしろ使い捨てをなるべく使わないで、節約した結果、地球に良いこと、環境に良いことをしているなんてサイコーじゃん！

しかもお金も貯まっているのよ！

一度お金がないことを体験している人間は、お金が入ってきても、あの時の、あの思いがあるからということで、ちょっとやそっとじゃ贅沢をしないと思うんですね（シンプルに貧乏性？）。

なので、ここに出ている芸人は少々お仕事が増えて、お金が入っても、急に贅沢をするような人間ではありません！　普段からなるべくゴミを出さないように心掛けたり、捨てる時のことを考えてから物を買っているので、僕も後輩芸人も身近なＳＤＧｓが得意で、特技なんです。もし、お役に立てる場面があれば、お仕事のオファーお待ちしております！

僕も含め、この本に出てきた後輩芸人達は、毎日どこかで、楽しみながら地球に良いアクションをしています。

ＳＤＧｓは、我慢することではなく、一日一日を丁寧に過ごすことなんだと思います。みんなもこの本の中のアクションを一つでも実践してくれるとうれしいです。

滝沢秀一

滝沢 秀一 たきざわ しゅういち

1976年、東京都生まれ。1998年、西堀亮とお笑いコンビ「マシンガンズ」を結成。2012年から芸人を続けながらゴミ収集会社に就職。『このゴミは収集できません』(白夜書房)、『ゴミ清掃員の日常』(講談社)などゴミ収集の体験記を数多く出版。「THE MANZAI」2012,14年認定漫才師。2020年、環境省「サステナビリティ広報大使」に就任。ゴミを減らす活動や、SDGsに関するさまざまなアクションを共有・実践できるオンラインコミュニティ「滝沢ごみクラブ」を開設。

地球と人にちょこっとやさしくなれる365日
アクション! 今日も、身近なSDGs!

2023年8月1日　初版第1刷発行

監　修　　滝沢秀一

発行者　　河村季里
発行所　　株式会社 K&Bパブリッシャーズ
〒101-0054　東京都千代田区神田錦町2-7 戸田ビル3F
電話 03-3294-2771　FAX 03-3294-2772
E-Mail info@kb-p.co.jp
URL http://www.kb-p.co.jp

印刷・製本　　株式会社 シナノ パブリッシング プレス

ISBN978-4-902800-89-0 C0095